Catalogue des Plantes de Provence

par H. Roux

SUPPLÉMENT

(**Nota**. — Les espèces qui ne figurent pas dans le CATALOGUE sont signalées par un caractère typographique noir.)

4. ATRAGENE ALPINA L. — B.-A. : Montagne de Courrouit, à Larche (*Legré!*).
5. THALICTRUM AQUILEGIFOLIUM L. — B.-A. : Vallon du Lausannier, à Larche (*Legré!*).
10. T. NUTANS Desf. — B.-A. : Montagne de Lure (*Legré!*).
13 a. **Anemone vernalis** L. — G. G., 1, p. 16. — ♃. Avril, mai. — B.-A. : Montagne de Courrouit, à Larche (*Legré!*).
15. A. ALPINA L. — B.-A. : Montagne de Lure (*Legré!*).
16. A. BALDENSIS L. — B.-A. : Montagne de Courrouit, à Larche (*Legré!*).
19. A. NARCISSIFLORA L. — B.-A. : Vallon du Lausannier, à Larche (*Legré!*).
23. A. HEPATICA L. — B.-R. : Trets, abonde au versant nord de l'ermitage de Saint-Jean et de la montagne de l'Olympe (*Reynier*). — Vaucl. : Apt, vallon de la Rochelierre (*Coste!*).
28 a. **Myosurus minimus** L. — G. G., 1, p. 17. — ⊙. Mai. — B.-R. : Lieux humides près de Mas-Thibert, en Crau d'Arles (*Legré!*).
28 b. **Ranunculus Baudotii** Godr. — G. G., 1, p. 21. — B.-R. : Fossés des bords de l'étang de Marignane (*Roux*, sous le nom de *R. aquatilis*). Saint-Mitre, au bord du Pourrat (*Autheman!*). — Var : Hyères, dans les marais saumâtres de l'Almanarre (*Reynier!*).
31. R. DROUETII Schultz. — A.-M. : La Brague près d'Antibes (*Burnat*); Caussols (*abbé Consolat*).
31 a. **R. confervoides** Fries, *Summa veg. Scand.* (*R. lutulentus* Perrier et Songeon in Billot, Ann.). — A.-M. : Environs d'Esteng, sources du Var, marais de la bergerie du Sanguinière (*Reverchon*); dans un étang du vallon de Jallorgues (*Burnat*).

32. R. Thora L. — A exclure de la flore des Alpes-Maritimes, d'après M. Burnat qui ne l'a trouvé qu'au val Pesio (localité piémontaise).

33. R. alpestris L. — A.-M. : N'a pas été rencontrée, par M. Burnat, en deçà des limites françaises, ni même dans la circonscription de la Flore d'Ardoino.

37. R. platanifolius L. — B.-A. : Montagne de Lure (*Legré!*).

38. R. parnassifolius L. — A.-M. : versant sud du mont Meunier (*Burnat*).

39. R. pyrenæus L. — B.-A : Montagne de Lure et vallon du Lausaunier, à Larche (*Legré!*).

45. R. Grenieranus Jord. — A exclure de la flore des Alpes-Maritimes, Ardoino ayant voulu parler très probablement de *R. montanus* Willd.; en outre, l'exemplaire du val Pesio (Italie) appartient, d'après le contrôle de M. Burnat, au *R. lanuginosus* L.

47. R. aduncus Grenier et Godron (*R. Villarsii* D. C. *ex parte*) ; telle est la dénomination préférable qu'il faut adopter, M. Burnat affirmant que, sous le nom de *R. Villarsii*, les échantillons authentiques, comme les descriptions, de De Candolle comprennent non seulement le *R. aduncus*, mais des spécimens qui se confondent avec le *R. montanus* L.

48 a. R. lanuginosus L. — G. G., 1, p. 33. — Var : Dans les bois au nord d'Hyères, lieu dit Plan du Pont (*Albert*). M. Burnat dit l'avoir vu de provenance du massif des Maures.

50. R. velutinus Tenore. — Var : L'existence de cette espèce à Toulon, où la citent Grenier et Godron d'après Soyer-Will., est douteuse, puisque la plante distribuée par feu Huet sous le nom de *R. velutinus* Ten., vue par M. Burnat, n'est autre que la Renoncule suivante :

50 a. R. macrophyllus Desf., *Fl. All.* (*R. palustris* Boissier, *Fl. Or.*). — A.-M. : Entre Cannes et Antibes (*Burnat*). — Var : Toulon, fossés des remparts (*Huet*). — Sans doute adventice.

50 b. R. nemorosus DC., *Syst.* (*R. silvaticus* Gr. et God. non

Thuill.) — A.-M. : Vallée de Thorenc et Saint-Martin d'Entraunes (*Reverchon*); Esteng aux sources du Var (*Burnat*).

52. R. BULBOSUS variété MERIDIONALIS Levier, inédit. — Tel est le nom que doit prendre la Renoncule que l'on considérait jusqu'à présent comme le vrai *R. neapolitanus* Tenore, cette espèce n'existant pas en France, paraît-il.

64. R. SCELERATUS L. — A.-M. : La localité de « Nice, au Var », indiquée par Ardoino, est très douteuse (*Burnat*).

66. CALTHA PALUSTRIS L. — B.-A. : Vallon du Lausannier, à Larche (*Legré!*)

67. TROLLIUS EUROPÆUS L. — B.-A. : Assez abondant sur les pelouses élevées de l'arrondissement de Barcelonnette (*Legré!*).

72. GARIDELLA NIGELLASTRUM L. — Vaucl. : Environs de Cucuron (*Deydier!*)

82. DELPHINIUM FISSUM W. et K. — B.-R.: Peyrolles, dans les lieux montueux du Logis-Daume (*Autheman!*)

85. D. STAPHISAGRIA L. — Var : Environs de Cotignac (*Laurans!*)

86. ACONITUM ANTHORA L. — B.-A.: Montagne de Lure (*Legré!*)

90. ACTÆA SPICATA L. — B.-A : Montagne de Lure (*Legré!*)

108 a. Hypecoum grandiflorum Benth. — G.G., 1, p. 63. — ⊙. Juin. — B.-R.: Martigues, à La Mède, dans la propriété Lauze, le long du chemin, 1879 (*Autheman!*)

115. FUMARIA AGRARIA Lag. —Var : Toulon : à la Valette (*Reynier!*)

116. F. VAGANS Jord. —Var : Champs, de Saint-Nazaire jusqu'au Brusc (*Roux*).

117. F. ANATOLICA Boiss. — B.-R.: Marseille, fond du vallon de Vaufrège, à la montée de la Gineste ; rare (*Reynier!*)

125. RAPHANUS LANDRA Moretti. — B.-R.: Châteauneuf-les-Martigues (*Autheman!*).—Var : Le Brusc, Draguignan (*Roux*). Robert et Perreymond n'auraient-ils pas pris cette plante pour le *Raphanus maritimus* de Smith ?

137 a. Brassica elongata W. et K. — Cette plante, étrangère à la France, se rencontre çà et là : je l'ai récoltée, le 15 juin 1880, dans un champ sec sur les hauteurs entre Marignane et Pas des Lanciers, près de la croix (B.-R.); le 11 juin 1887, je l'ai vue dans un champ inculte au-dessus de Pourcieux (Var). M Autheman l'a retrouvée : dans un champ au-dessus du plateau de Rognac ; le long de la voie ferrée entre Velaux et Rognac, et dans les blés à Saint-Victoret (B.-R.).

159. ERYSIMUM AUSTRALE Gay. — B.-A.: Montagne de Lure (*Legré!*) — Vaucl.: Environs de Cucuron (*Deydier!*)

164. BARBAREA VULGARIS R Br. — Vaucl.: Apt, dans le vallon de Fort de Buoux (*Coste!*)

166. B. PRÆCOX R. Br. — Var : Collobrières, au vallon de la Verne (*Roux*). — B.-A : Montagne de Lure (*Legré!*)

183. ARABIS AURICULATA Lmk.— B.-R.: Roquefavour : rive gauche de l'Arc, en aval de l'aqueduc (*Reynier!*) — Var : sur les hauteurs de Pourcieux (*Roux*).

186. A. CILIATA Koch. — B.-A.: Forêt de Faillefeu et montagne de la Vachière au-dessus de Prats (*Roux*).

191. A. ALPINA L. — B.-A.: Montagne de Lure (*Legré!*)

193 a. A. pumila Jacq. — G.G., 1, p. 105. — ♃. Juin, juillet. — B.-A.: Forêt de Monnier, à Colmars (*Legré!*)

197. CARDAMINE PRATENSIS L. — B.-R.: Bois palustres de Valpilière près de Mas-Thibert (*Legré!*)

199 a. C. sylvatica Link. — B.-A.: Forêt de Monnier, à Colmars (*Legré!*)

203. DENTARIA PINNATA Lmk.— B.-A.: Montagne de Lure (*Legré!*)

208. ALYSSUM CAMPESTRE L. — B.-R.: Trets, à la fontaine dite du Cerisier, au pied de l'Olympe (*Reynier!*). — Var : champs montueux de Collobrières au col de la Sauvette ; il y est assez commun (*Roux*).

222. DRABA MURALIS L. — Var : Hyères : à la Roquette (*Albert et Reynier!*)

225. RORIPA AMPHIBIA Bess.—B.-R.: Marais de Mas-Thibert (*Legré!*)

232. CALEPINA CORVINI Desv. — B.-R.: Marseille, rive gauche du ruisseau des Aygalades, près de l'ermitage (*Reynier!*)

236 a. Biscutella cichoriifolia Lois. — G.G., 1, p. 135. — B.-A.: C'est cette espèce que l'on rencontre au fort de Tournoux près de Barcelonnette, et non *B. hispida*.

245. TEESDALIA LEPIDIUM DC. — Var : Collobrières, au bord de la Verne, rare (*Roux*).

254. Hutchinsia alpina R. Br. — B.-A.: Forêt de Monnier à Colmars (*Legré !*)

259. Lepidium hirtum DC. — Var : Coteaux incultes à Draguignan (*Roux*). Toulon : sommet du Faron (*Reynier !*)

266 a. Rapistrum orientale DC. — G G., 1, p. 156. — ⊙ — Var : Assez commun dans les champs et le long des chemins, entre Saint-Nazaire et le Brusc, et du Brusc au village de Reynier (*Roux*).

267. R. Linnæanum Boiss. et Reut. — B.-R.: Marseille : aux bords de la dérivation du canal dans les bois de pins du château des Tours à la Viste (*Reynier !*) Champs cultivés à Saint-Victoret (*Autheman !*)

270. Cistus laurifolius L. — Vaucl.: Apt, au Roucas près de Rustrel (*Coste !*)

273. C. crispus L. — Var : Ile de Porquerolles (*abbé Olivier*).

278. Helianthemum ledifolium Willd. — B.-R.: Saint-Victoret, au-dessus du chemin de fer (*Autheman !*)

281. H. lavandulæfolium DC. — B.-R.: Marseille, Saint-Antoine, au vallon des Tuves (*Reynier !*); Saint-Victoret, au-dessus du Griffon (*Autheman !*)

288. H. italicum Pers., var. *alpestre*. — B.-A.: Montagne de Lure (*Legré !*)

293. H. tuberaria Mill. — Var : Hyères : coteaux de la presqu'île de Giens (*Coste et Legré !*); les Maures, après les 4 chemins, route d'Hyères à Saint-Tropez (*Heckel !*)

295. Fumana Spachii G.G. — B.-A.: Montagne de Lure (*Legré !*)

304. Viola sepincola Jord. — Var : Hyères : bords du Gapeau à la Roquette (*Albert et Reynier !*)

307. V. elatior Fries. — Var : Cotignac (*Laurans !*)

309. V. biflora L. — B.-A.: Forêt de Monnier, à Colmars (*Legré !*)

312. V. confinis Jord. — Manosque (*Laurans !*)

315. V. calcarata L. — B.-A.: Assez répandue sur les montagnes de l'arrondissement de Barcelonnette (*Legré !*)

322. Reseda Luteola L. — Var.: Ile de Porquerolles, assez rare (*abbé Olivier, Roux*).

323. Aldrovandia vesiculosa L. — B.-R.: Marais à gauche de la route de Saint-Martin de Crau à Mouriès (*Reynier !*)

324. Parnassia palustris L. — B.-A.: Lieux humides des montagnes à Colmars, Allos, Larche, etc. (*Legré!*)

336. Frankenia lævis L. — Var : Hyères, aux Pesquiers (*Roux*). Ile de Porquerolles (*abbé Olivier*, *Roux*).

338. Cucubalus bacciferus L. — Var : abonde à Cotignac (*Laurans!*) B.-A.: Environs de Forcalquier (*Legré!*)

348. Silene nicæensis All. — Var : Le Brusc (*Reynier!*) Hyères : au Ceinturon (*Albert!*)

356. S. saxifraga L. — Var : Toulon : au vieux fort des Pomets (*Reynier!*)

357. S. quadrifida L. — B.-A.: Forêt de Monnier, à Colmars (*Legré!*)

359. S. acaulis L. — B.-A.: Sommets au dessus du lac d'Allos (*Legré!*)

365. S. nutans L. — B.-A.: Environs de Barcelonnette (*Legré!*)

368. S. Otites Smith. — B.-A.: Environs de Manosque (*Laurans!*)

377. Saponaria ocymoides L. — Var : Coteaux à Draguignan (*Roux*). B.-A.: Vallon du Lausannier, à Larche (*Legré!*)

383. Dianthus velutinus Guss. — Var : Hyères : au Ceinturon, isthme de Giens (*Roux*). Ile de Porquerolles (*abbé Olivier*).

384. D. Armeria L. — Var : Collobrières, dans le vallon de la Verne (*Roux*).

386. D. Carthusianorum L. — B.-A.: Environs de Manosque (*Laurans!*)

397. Velezia rigida L. — B.-A.: Environs de Manosque (*Laurans!*)

400. Sagina maritima Don. — B.R.: Bords de l'étang à Rognac (*Laurans!*). — Var : Le Brusc (*Roux*).

401. S. Densa Jord. — Var : Champs sablonneux entre les vieux Salins d'Hyères et la Londe (*Reynier!*)

404. S. glabra Willd. — Var : Collobrières, sur les bords de la Verne (*Roux*).

405. Buffonia macrosperma Gay. — B.-A.: Manosque, où il abonde (*Laurans!*)

412. Alsine mucronata L. — B.-R.: Rochers au milieu des ruines de la ville des Baux (*Reynier!*)

416. A. striata Gren. — B.-A.: Environs de Larche (*Legré!*)

417. A. Bauhinorum Gay. — B.A.: Montagne de Lure (*Legré!*)

418. A. Cherleri Fenzl. — B.-A.: Forêt de Monnier, à Colmars (*Legré!*)
423. Moerhengia pentandra Gay. — Var : Collobrières, sur les bords de la Verne, rare (*Roux*).
429. Arenaria grandiflora L. — B.-R.: Sainte-Victoire, au Garagaï (*Roux*). — B.-A.: Montagne de Lure (*Legré*).
432. Stellaria nemorum L. — B.-A.: Montagne de Lure (*Legré!*)
436. Holosteum umbellatum L. — B.-R.: Aix, talus de la route d'Italie près de la Palette (*Reynier et Raoux!*)
438. Cerastium glaucum v. β G.G. — Var : Collobrières, sur les bords de la Verne, rare (*Roux*).
440 et 441. C. brachypetalum DC. et C. semidecandrum L. — Var : Ile de Porquerolles (*abbé Olivier*).
444. C. aggregatum Dur. — Var : Bords de la Verne et montée de Collobrières au col de la Sauvette (*Roux*).
450. Spergula arvensis L. — Var : champs de la presqu'île de Giens (*Roux*). Ile de Porquerolles (*abbé Olivier*).
450 a. S. segetalis Funzl. — G.G., 1, p. 275. — ☉. Mai, juin. —Var : Bords de la Verne à Collobrières, rare (*Roux*).
456. Linum nodiflorum L. — Var : Toulon : assez abondant sous les oliviers au couchant du vieux fort d'Artigues (*Reynier!*)
457. L. campanulatum L. — Vaucl. : Environs de Cucuron (*Deydier!*)
458. L. gallicum L. — B.-R. : Miramas-station (*Autheman!*). — Var : Collobrières, bord de la Verne; presqu'île de Giens (*Roux*). Ile de Porquerolles (*abbé Olivier*).
460. L. maritimum L. — B.-A.: Manosque, sur les bords de la Durance (*Laurans!*) — Vaucl. : Environs de Cucuron (*Deydier!*)
470. Radiola linoides Gmel.— Var : Bords des eaux des vallons de la Sauvette aux Mayons et de la Verne (*Roux*). Ile de Porquerolles (*abbé Olivier*).
472. Tilia sylvestris Desf. — Var : Toulon, quelques pieds dans les bois taillis de l'Hubac de Faron (*Reynier!*)
479. Malva nicæensis All. — Var : Hyères, au Ceinturon et à l'isthme de Giens (*Roux*). Ile de Porquerolles (*abbé Olivier, Roux*).

480. M. rotundifolia L. — B.-A.: Montagne de Lure (*Legré !*).
481. M. parviflora L. — Var : Ile de Porquerolles (*Roux ; abbé Olivier*, sous le nom de *M. rotundifolia*).
483. Lavatera arborea L. — Var : Ile de Porquerolles (*abbé Olivier*); subspontanée (*Roux*).
484. L. cretica L. — Var ; Toulon, presqu'île du cap Cépet (*Reynier!*)
485. L. Olbia L. — Var : Toulon : au cap Brun, à la Valette et à la vallée de Dardennes, mais plus rare qu'à Hyères (*Reynier!*)
486. L. maritima Gouan. — Var : Toulon : ermitage du Mai, au cap Sicié (*Reynier!*)
495. Geranium tuberosum L. — Var : La Seyne; Toulon : rive gauche du ruisseau des Amoureux près du coteau des Améniers (*Reynier!*)

496 a. G. aconitifolium L'Hérit. — G. G., 1, p. 298. — ♃. Juin-août. — B.-A.: Montagne de Courrouit, à Larche (*Legré !*)

503. G. sanguineum L.—Vaucl.: Apt, dans le vallon de la Rochelierre (*Coste !*)
506. G. pyrenaicum L. — B.-A.: Montagne de Lure (*Legré !*)
503. G. pusillum L. — Var : Collobrières, le long des chemins (*Roux*).

508 a. G. rotundifolium L. — G.G., 1, p. 305. — ⊙. Mai-septembre. — Commun sur les pelouses, le long des chemins de toute la Provence.

509. G. lucidum L. — Var : Pourcieux : rochers du versant nord de la montagne des Aurelles (*Reynier!*)
511. G. mediterraneum Jord.—B.-A.: Montagne de Lure (*Legré !*)
517. Erodium Chium Willd. — Var : Ile de Porquerolles, parmi des ruines au-dessus du village (*Coste !*)
520. E. Botrys Bert. — Var : Hyères, sables maritimes au Ceinturon (*Albert !*); le long de la voie ferrée, aux Salins (*Roux*)

527 a. E. rupicola Boiss. — Diffère de l'*E. romanum* par de petits poils blancs qui couvrent toute la plante. — B.-R.: Port de Bouc près de Martigues, 20 juin 1858 (*Roux*).

530. Hypericum tetrapterum Fries. — Var : Ampus, dans les lieux humides (*Albert!*)
531. H. australe Ten. — Var : Bormes, le long du ruisseau la Vieille (*Roux*). Ile de Porquerolles (*abbé Olivier, Roux*).
532. H. tomentosom L. — B.-R.: Le long de la route de La Ciotat aux Lecques (*Reynier!*) — Var : Ampus, à la Poulizon (*Albert!*)
537. H. montanum L. — Var : Dans les bois à Ampus, à Châteaudouble et Aiguines (*Albert!*)
540. H. crispum L. — B.-R.: Cette plante, détruite dans la localité citée au *Catalogue*, a été retrouvée dans un bois de pins à Saint-Gérôme près Marseille, en 1887, par M. Legré.
513. Acer opulifolium Vill. — Var : coteaux à Pourcieux (*Roux*). Quelques pieds dans les bois taillis de l'Hubac de Faron (*Reynier!*) — B.-A.: Montagne de Lure (*Legré!*)
543 a. A. Martini Jord. *Pugil. pl. nov.*, p. 52. — ♂. — B.-A.: Montagne de Lure (*Legré!*)
544. A. monspessulanum L. — Var : Assez commun dans les bois taillis de l'Hubac de Faron (*Reynier!*)
552. Oxalis lybica Viv. — Var : Ile de Porquerolles (*abbé Olivier*), où cette plante m'a paru être échappée des jardins (*Roux*).
558. Ruta bracteosa DC. — Var : Commune aux îles des Embiez (*Roux*). Châteaudouble, parmi les rochers (*Albert!*)
562. Evonymus latifolius Scop. — Var : Ampus, dans les bois escarpés (*Albert!*) — Vaucl.: Apt, au vallon de la Rochelierre (*Coste!*)
565. Paliurus australis Rœm. et Sch. — Var : Draguignan (*Albert!*)
566. Rhamnus cathartica L.—B.-B.: Montagne de Lure (*Legré!*)
567. R. saxatilis L. — Var : Ampus, à la Cabrière (*Albert!*)
568. R. infectoria L. — B.-A.: Montagne de Lure (*Legré!*)
569. R. Villarsii Jord. — B.-A.: Montagne de Lure (*Legré!*)
570. R. alpina L. — Var : Hauteurs du bois de la Sainte-Baume (*Roux*). Ampus, dans les bois arides (*Albert!*)
574. Pistacia Lentiscus L. — Var : Ampus, dans les bois (*Albert!*)
577. P. Lentisco-Terebinthus De Sap. et Mar. — Var : La Seyne, le long du chemin de Balaguier, un pied arborescent.

579. Rhus Cotinus L. — Var : Ampus et Châteaudouble (*Albert !*)
582. Anagyris fætida L. — B.-R.: Marseille, vallon de Forbin à Saint-Marcel, un très vieux pied (spontané ?) (*Reynier !*) — Var : Bois de Coudon (*Albert*) et fort Sainte-Marguerite (*Robert, Albert !*)
583. Ulex europæus Smith. — Var : Ile de Porquerolles (*Roux*) ; il y a été semé, d'après l'abbé Olivier.
584. U. parviflorus Pourr. — Var : au vieux fort de Sainte-Marguerite (*Robert, Reynier !*) et non à l'île Sainte-Marguerite (A.-M) comme le disent Grenier et Godron.
585. Calycotome spinosa Link. — Var : Ampus (*Albert !*)
587. Sarothamnus vulgaris Wimmer. - Var : Ile de Porquerolles (*abbé Olivier, Roux*).
589. Genista sagittalis L. —Var : Collobrières, la Verne (*Roux*). Ampus, Châteaudouble, Aiguines (*Albert!*)
593. G. mantica Poll. — Var : Ampus, à Mourjaie (*Albert !*)
594. G. cinerea DC. —Var : Ampus (*Albert !*)—Vaucl.: Cucuron (*Deydier !*)
600. G. radiata Scop. — B.-A.: Montagne de Lure (*Legré !*)
601. G. candicans L. — Var : Toulon, coteau du Pin-de-Galle (*Reynier !*)
603. Cytisus alpinus Mill. — B.-A.: Montagne de Lure (*Legré !*)
612. Adenocarpus grandiflorus Boiss. — Var : Le long de la route d'Hyères, un peu avant la Londe (*Roux*). Commun au bord du chemin du fort Brégançon aux Bormettes par le château de Léoube (*Coste et Legré !*)
613. Lupinus Termis Forsk. — Var : Ile de Porquerolles, cultivé en grand pour fumure (*Reynier !*)
614. L. hirtus L. — Var : champs du bord de la route du Brusc à Reynier ; montée de la Sauvette par Collobrières (*Roux*).
615. L. reticulatus Desv. — Var : Descente de Bormes à la gare du chemin de fer (*Reynier !*)
623. Ononis viscosa L.— B.-A.: Environs de Manosque (*Laurans !*)
624. O. breviflora DC. — Var : Châteaudouble (*Albert!*)
625. O. pubescens L. — B.-R.: Bord de la mer à Sausset (*Roux*). Var : Coteaux arides à La Farlède (*Albert !*) Coteau de grès permien qui sépare La Garde de LaValette (*Reynier !*)

626. O. cenisia L. — Var : Coteaux à Broves, Bargèmes (*Albert!*)
629. O. repens var. *arvensis* G.G. — Var : Pelouses sèches du vallon de la Verne à Collobrières (*Roux*).
632. O. Columnæ All. — B.-A. : Abonde à Manosque (*Laurans!*)
634. O. mitissima L.—Var : Bord des champs montueux au-dessus de la ville de Collobrières (*Roux*).
637. Anthyllis Barba-Jovis L. — Var : Hyères : au cap Blanc, vers le fort de Brégançon (*Coste!*) Ile de Porquerolles, sur les rochers les plus escarpés de la pointe des Mèdes (*Legré!*)
641. Hymenocarpus circinnatus Savi. — B.-R. : Saint-Victoret, au-dessus du Griffon, sur un mamelon contigu à la pompe à feu (*Autheman!*) S'y maintient-il toujours ?
649. Medicago ambigua Jord.—B.-R. : Marseille, vallon des Escourtines (*Reynier et Raoux!*). — Var : Draguignan et chartreuse de la Verne (*Roux*).
653. M. Tenoreana DC. — Var : Toulon : Montée du Baou de Quatro-Houros (*Roux*).
655. M. præcox DC. — Var : Toulon, aux Sablettes ; entre la batterie et le fort Saint-Elme (*Reynier!*)
658. M. lappacea DC. — Var : Entre Saint-Nazaire et le Brusc (*Roux*). La Farlède, Hyères (*Albert!*)
659. M. pentacycla DC. — Var : Champs, aux Arcs (*Albert!*) La Valette (*Reynier!*) Vieux château d'Hyères et presqu'île de Giens (*Roux*).
665. M. agrestis Ten.—Var : Draguignan (*Roux*). Ampus (*Albert!*)
667. M. truncatula Gærtn., de mon *Catalogue*, doit prendre le nom de M. tribuloides Lamk, à spires tournant à gauche ; et ajouter : *M. Murex* G.G.! Willd?, qui ne diffère que par ses spires tournant à droite et ses épines plus appliquées ; cette dernière forme plus rare que le vrai *tribuloides*.
670. M. muricata Benth. — Var : Champs sablonneux à Solliès-Pont (*Albert!*)
671. M. sphærocarpa Bert. — Var : Isthme de Giens, île de Porquerolles (*Roux*).
676. Trigonella corniculata L. — B.-A. : Environs de Manosque (*Laurans!*)

692. Trifolium alpestre L. — B.-A. Montagne de Lure (*Legré!*)
693 a. T. diffusum Ehrh. — G.G., 1, p. 406. — ☉. Juin, juillet.
— Var : Champs sablonneux entre Saint-Nazaire et le Brusc ; mêlé au *T. Cherleri*, mais plus rare (*Roux*).
694. T. Cherleri L. — Var : De Saint-Nazaire au Brusc (*Roux*). Hyères, au Ceinturon (*Albert!*). Ile de Porquerolles (*abbé Olivier*).
695. T. medium L. — B.-A.: Montagne de Lure (*Legré*).
700. T. lappaceum L. — Var : Ile de Porquerolles (*abbé Olivier!*). — B.-A.: Manosque (*Laurans!*)
701. T. ligusticum Balb. — Var : Prairies maritimes à Hyères (*Albert!*) Vallon de la Verne (*Roux*). Ile de Porquerolles (*abbé Olivier*).
704. T. Bocconi Savi. — Var : Ile des Embiez ; très rare (*Roux*).
712. T. spumosum L. — Var : Dans un champ de La Farlède, à la Verdillonne (*Albert!*) Spontané ?
713. T. suffocatum L. — Var : Ile de Porquerolles (*abbé Olivier*).
714 a. T. lævigatum Desf. — G.G., 1, p. 416. — ☉. Mai, juin. Var : Collobrières, dans le vallon de la Verne ; très rare (*Roux*).
715. T. montanum L. — Var : La Farlède, lieux humides (*Albert!*) B.-A.: Montagne de Lure (*Legré!*)
718. T. Thalii Vill. — B.-A.: Forêt de Courrouit au-dessus de Larche (*Legré!*)
720. T. nigrescens Viv. — Var : Hyères, au Ceinturon ; Collobrières, au vallon de la Verne (*Roux*).
722. T. minus Rchb. — B.-R.: La Camargue (*Legré!*). — Var : Presqu'île de Saint-Mandrier (*Legré!*)
724 a. T. aureum Pall. — G.G., 1, p. 424. — ☉. Juin, juillet. — B.-A.: Montagne de Lure (*Legré!*)
736. Lotus angustissimus L. — Var : Ile de Porquerolles, très commun (*Roux*).
737. L. hispidus Desf. — Var : Hyères, champs sablonneux du Ceinturon (*Albert!*)
743. L. tenuis Kit. — Var : Collobrières, au vallon de la Verne (*Roux*). Ile de Porquerolles (*abbé Olivier*). — B.-A.: Manosque (*Laurans!*)

744. Lotus Allionii Desv. — Supprimez les localités de Marseille. — Sur les terrains siliceux voisins de la mer. — B.-R.: La Ciotat, au Bec de l'Aigle.—Var : De Saint-Nazaire au Brusc (*Roux*). Toulon : Au fort Lamalgue (*Hanry, Huet!*). Le Lavandou, Saint- Raphaël (*Roux*), etc.

744 a. L. drepanocarpus Durieu. — Se distingue de l'*Allionii* par ses fruits fortement arqués, son feuillage plus sombre. — Sur les terrains calcaires voisins de la mer. — B.-R.: Marseille, à Endoume, au Roucas-Blanc, au mont Rose et sur les rochers maritimes jusqu'au delà du cap Croisette (*Roux*).

745. L. ornithopodioides L. — Var : Ile de Porquerolles (*Coste!*)

746. L. edulis L. — Var : Ile de Porquerolles, assez rare (*Roux*).

747. Astragalus pentaglottis L. — Var: Toulon : sur les glacis des remparts vers le cimetière ; falaise de l'anse du Pin-de-Galle ; plus abondant à La Valette, au pied du Coudon (*Reynier!*) Champs sablonneux à Solliès-Pont (*Albert!*)

748. A. stella Gouan.— B.-R.: Saint-Victoret, lieux incultes sur la route d'Aix (*Autheman!*) Roquefavour, Valabre près de Luynes (*Roux*).

751. A. hamosus L. — B.-R.: Commun au bord des champs monteux de Luynes (*Roux*). — Var : Ampus (*Albert!*)

752. A. glycyphyllos L —Var : Bois à Ampus et à Châteaudouble (*Albert!*)

754. A. purpureus Lmk.— B.-R.: Marseille, vallons du Nègre et des Cauvins à Château Gombert (*Reynier*)*!*).—Var : Pourcieux (*Roux*).

755. A. hypoglottis L. — Var : Lieux herbeux du sommet de Lachen (*Albert!*) — B.-A.: Assez répandu dans l'arrondissement de Barcelonnette (*Legré!*)

760. A. incanus L. — B.-R.: Marseille : assez abondant sur la pente nord du sommet de l'Etoile (*Reynier!*)

761. A. depressus L. —B.-A.: Environs du lac d'Allos (*Legré!*)

762. A. Tragacantha L. — Var : Toulon, à la batterie de Fabréga (*Reynier!*) et non à la batterie Saint-Elme, comme le disent Grenier et Godron.

763. A. aristatus Her. — B.-A.: Colmars, Allos, Larche (*Legré!*)

766. Oxytropis cyanea Bieb.— B.-A.: Montagne de Courrouit, à Larche (*Legré!*)

768. Phaca alpina Wulf. — B.-A.: Vallon du Lausannier, à Larche (*Legré!*)

769 et 770. P. astragalina DC et P. australis L.—B.-A.: Montagne de Courrouit, à Larche (*Legré!*)

777. Psoralea plumosa Rchb.—Var : Toulon, dans les bois de pins du Baou Rouge, presqu'île de Sicié (*Reynier*). Bormes, au cap Blanc (*Legré!*).— A.-M.: Nice (Ardoino, qui ne cite pas P. *bituminosa* que j'ai pourtant reçu de cette ville).

782. Vicia Bobartii Forst.—Var : coteaux arides à Ampus (*Albert!*)

783. V. lathyroides L. — Var : Prés sablonneux, pelouses, Draguignan, Ampus (*Albert!*)

791. V. narbonensis L.—B.-R.: Marseille : à la Treille (*Reynier!*) Var : Hauteurs de Pourcieux et de Draguignan (*Roux*). Ampus (*Albert!*)

793. V. sepium L. — Var : Bois du vallon de la Verne à Collobrières (*Roux*). Ampus (*Albert!*)

794. V. pannonica Jacq. var. *purpurascens* DC. — B.-R. : Marseille, décombres près de la fabrique de soude de Mazarques, rare (*Reynier!*)

796. V. onobrychioides L.—Var : Hauteurs de Pourcieux (*Roux*). Champs et coteaux incultes à Ampus (*Albert!*)

800. V. Gerardi Vill. — B.-R.: Saint-Pons de Gémenos au vallon des Crides (*Legré!*) Var : Presqu'île de Giens, rare (*Roux*).

801. V. tenuifolia Roth.—Var : Bois, prés secs à Ampus (*Albert!*) — B.-A.: Montagne de Lure (*Legré!*)

803. V. villosa Roth.— Var : Hyères, dans les prairies du Ceinturon (*Roux*).

805. V. atropurpurea Desf.—Var : Toulon, penchant méridional du Faron ; sous le fort Napoléon, à Tamaris (*Reynier*).

806. V. disperma DC.—Var : Hyères, lieux incultes et sablonneux (*Albert!*) Collobrières, au vallon de la Verne (*Roux*).

807. Ervum hirsutum L.— Var : Collobrières, au bord de la Verne (*Roux*).

808. E. tetraspermum L. — Var : Hyères, dans les prairies du Ceinturon (*Roux*).

809. E. pubescens DC. — Var : Ile de Porquerolles (*abbé Olivier*).
810. E. gracile DC. — Var : Vallon de la Verne (*Roux*). Ile de Porquerolles (*abbé Olivier, Roux*).
817. Lathyrus Clymenum var. *purpureus* Desf. — Var : Toulon, çà et là, mêlée au type (*Reynier !*)
830. L. ensifolius Bodero. — Var : Bords du chemin du Brusc à Reynier ; buissons à Pourcieux (*Roux*).
831. L. Tingitanus L. — Var : Ile de Porquerolles (*abbé Olivier*); je l'y ai vu, mais l'y crois subspontané seulement.
832. L. tuberosus L.— B.-A. : Environs de Manosque (*Laurans !*) Montagne de Lure (*Legré !*)
836. L. macrorhizus Wim.— Var : Commun dans les bois, aux Mayons, à Collobrières, au vallon de la Verne, etc. (*Roux*).
840. L. angulatus L. — Var : Collobrières, au vallon de la Verne (*Roux*).
841. L. sphæricus Retz. — Var : Collobrières, au vallon de la Verne (*Roux*). Ile de Porquerolles (*abbé Olivier*).
842. L. inconspicuus L. var. β G.G. (Nous n'avons, dans le Midi, que cette variété.). — B.-R. : Simiane, abonde dans les champs de blé en allant à la station de Bouc-Cabriès (*Reynier !*) — Vaucl. : Environs de Cucuron (*Deydier !*)
846 a. Scorpiurus sulcata L. — De Cand., *Prodr.*, 2, p. 308 et *Fl. fr.*, IV, p. 601. — ⊙. — Vraiment spontané en France ? — A.-M. : Nice, au Mont-Gros (*Ayasse*). — Var : Toulon, un certain nombre de pieds sur le flanc méridional du Faron, à l'est du fort d'Artigues, en 1889 (*Reynier !*). Se perpétue dans cette station, M. le Professeur Bouisson l'ayant reçu en 1892, de M. Guilmot.
847. Coronilla Emerus L. — Var : Bois à Draguignan (*Roux*). — Vaucl. : Apt, au vallon de la Rochelierre (*Coste !*)
852. C. varia L.—Var : Pourcieux, versant nord de la montagne des Aurelles (*Roux*). Toulon, au sommet du Faron (*Reynier !*) — Vaucl. : Apt, au bord du Calavon (*Coste !*)
854. Ornithopus ebracteatus Brot.—Var : Collobrières, au vallon de la Verne ; commun sur les pelouses voisines du rivage dans l'île de Porquerolles (*Roux*) : c'est l'*Ornithopus* nommé *perpusillus* par M. l'abbé Olivier.

856. O. compressus L. — Var : Presqu'île de Giens (*Legré !*) Ile de Porquerolles (*abbé Olivier, Roux*). Collobrières, à la Verne (*Roux*). A.-M. : Sables du golfe Jouan (*Reynier !*)

858. Hippocrepis glauca Ten. — B.-R. : Bords de la Luyne, à Valabre (*Roux*). — Var : Pourcieux ; Draguignan et île de Porquerolles (*Roux*) : c'est l'*Hippocrepis* nommé *comosa* par M. l'abbé Olivier. — Toulon : bois de pins au couchant du vieux fort de Sainte-Marguerite (*Reynier !*)

861. Hedysarum obscurum L. — B.-A. : Vallon du Lausannier, à Larche (*Legré !*)

863. H. capitatum Desf. — B.-R. : Marseille : au plan des Cailles, près de la batterie de Marsilhoveiré (*Reynier !*)

865. Onobrychis montana DC. — B.-A. : Colmars, Allos, Barcelonnette, etc. (*Legré !*)

867. O. saxatilis All. — B.-R. : Marseille, à Saint-Henry et à l'Estaque ; Aix, de Meyreuil à Valabre (*Reynier !*)

871. Ceratonia siliqua L. — Var : Toulon, çà et là parmi les rochers du flanc méridional de Faron, depuis le fort Rouge jusqu'à La Valette (*Reynier !*)

882. Cerasus Mahaleb L. — Vaucl. : Apt, au vallon de la Rochelierre (*Coste !*)

886. Spiræa Aruncus L. — B.-A. : Montagne de Lure (*Legré !*)

887. Dryas octopetala L. — B.-A. : Montagne de Courrouit, à Larche (*Legré !*)

888. Geum urbanum L. — B.-R. : Simiane, dans les haies au quartier dit du Verger. — Var : Solliès-Pont, aux bords du Gapeau (*Reynier !*)

890. G. sylvaticum Pourr. — B.-R. : Trets, à la fontaine du Cerisier (*Reynier !*) — Var : Pourcieux, au nord de la montagne des Aurelles (*Roux*).

906. Potentilla verna L. — B.-R. : Marseille, Saint-Antoine au Moulin du Diable ; Aix, collines de Meyreuil (*Reynier !*)

912. P. argentea L. (*demissa* Jord. ?) — B.-R : Roquefavour (*Laurans !*). — Les Maures (Var) et montagne de Lure (B.-A.) (*Legré !*)

919. Fragaria vesca L. — Var : Pourcieux, versant nord de la montagne des Aurelles (*Roux*).

927. Rosa alpina L. — B.-A.: Montagne de Lure (*Legré!*)
933. R. meridionalis Burn. — « Ce n° 933 n'aurait pas dû être inséré ici ; c'est une forme probablement locale sans importance, à étudier encore, mais en aucun cas une espèce ou sous-espèce à mettre sur le même rang que celles mentionnées dans le *Catalogue*. » (Note de M. Burnat.)
934. R. calabrica Huter. — Au lieu de lire *R. calabrica*..., il faut lire : R. Thureti Burnat et Gremli, *Revision du groupe des Orientales*, pp. 30 et 35. — A.-M.: Sommités du massif du mont de la Chens (à environ 1470 m.) ; assez abondante, mais dans une seule station (*Burnat*).
935 R. Seraphini Viv. — Au lieu de *R. Seraphini*..., il faut lire : R. sicula Tratt., Burn. et Gr., *Rev. du gr. des Orient.*, p. 12. — ♃. Juillet, août. — A.-M.: Près de Spisios, au-dessus du val Longon et de Margheria de Roure, au sud du mont Gravière, massif du mont Mounier, à environ 1700 m.; désert de Saint-Barnabé près de Saint-Martin d'Entraunes (*Burnat*).
939. R. Burnati Christ. — Ce n° doit être supprimé et, sous le n° 942 (*Rosa dumetorum* Thuil.) il faut ajouter :
Var. δ *Burnati* Burn. et Gr., *Suppl. Roses Alp.-Marit.* pp. 21 et 29. — A.-M.: Pentes des monts Pivola et Panard, près du mont Farguet, sur l'Escarène, en plusieurs stations ; haute plaine de rochers entre Vence et Coursegoules ; au-dessus de Bouyon ; mont Siruol, versant de Libaré, près de Venanson (*Burnat*).
940. R. Pouzini Tratt. — Var : Draguignan (*Roux*).
943. R. stylosa Desv. — La Crau d'Arles, dans les bois palustres de Volpilière et de Château-Bélan (*Legré!*) — Presqu'île de Giens (*Albert!*); chemin des Lauriers-roses à Hyères (*Schuttleworth!* in herb. Godet).

Les localités ci-dessus sont indiquées par M. François Crépin dans son étude sur *La distribution géographique du* Rosa stylosa Desv. (*Bull. de la Société royale de botanique de Belgique*, tome XXXI, 2° partie, pages 133-154). M. Crépin ajoute dans cette notice : « MM. Burnat et Gremli rapportent que M. Christ a vu le *R. stylosa* dans l'herbier Huet, des environs de Toulon, et dans celui de Hanry, des environs du Luc. J'ai eu l'occasion d'examiner les échantillons de l'herbier Huet vus par M. Christ ; or, ces échantillons appartiennent incontestablement au groupe du *R. dumetorum*. M. Burnat m'écrit qu'il possède le *R. stylosa* de Saint-Nazaire près de Toulon recueilli par M. Roux. »

948. R. montana Chaix. — B.-R. : Aix, montée de Sainte-Victoire par Cabassol (*Roux*). — B.-A. : Montagne de Lure (*Legré!*)

949 et 950. R. gallica L. et R. arvensis Huds. — B.-A. : Bois du Défends, entre le Revest-Enfangat et Saint-Etienne-les-Orgues (*Legré!*)

951. R. sempervirens L. — Var : Toulon, vallée de Dardennes (*Reynier!*)

953. Poterium dictyocarpum Spach. — Var : Talus de la route de Solliès-Pont à Belgentier (*Roux*). — Vaucl. : Cucuron (*Deydier!*)

955. P. Magnolii Spach — Vaucl. : Cucuron (*Deydier!*) — Var : Ile de Porquerolles (*abbé Olivier*). Hyères, à la presqu'île de Giens, etc.; Collobrières, dans le vallon de la Verne, où j'ai rencontré, outre le type, une forme à feuilles glauques et une autre à feuilles soyeuses argentées (*Roux*).

958. Alchemilla alpina L. — B.-A. : Montagne de Lure (*Legré!*).

963. A. arvensis Scop. — Var : Collobrières, à la montée de la Sauvette et vallon de la Verne (*Roux*). Cuers : environs de la station du chemin de fer (*Reynier!*)

964. A. microcarpa Boiss. — Var : Collobrières, sur les bords de la Verne, rare (*Roux*).

967. Crategus ruscinonensis Gren. et Blanc. — Var : Toulon, un vieux pied arborescent sous le fort Rouge (*Reynier!*)

978. Pyrus acerba DC. — B.-A. : Montagne de Lure (*Legré!*)

981. Sorbus Aria Crantz. — Var : Toulon, bois taillis de l'Hubac de Faron (*Reynier!*)

983. S. torminalis Crantz. — Var : Bois de la Sainte-Baume, (*Roux*). — B.-A. : Montagne de Lure (*Legré!*)

990. Epilobium tetragonum L. — Var : Ile de Porquerolles (*abbé Olivier*).

992. E. roseum Schulz. — B.-A. : Environs de Larche (*Legré!*)

993. E. montanum L. — B.-A. : Montagne de Lure (*Legré!*)

995. E. lanceolatum Sebast. — Var : Collobrières, assez commun sur les bords de la Verne (*Roux*).

999. E. rosmarinifolium Hœnk. — Vaucl.: Environs de Cucuron (*Deydier!*)

1009. C. stagnalis Scop. — B.-R.: Marseille, dans le ruisseau traversant le champ de manœuvres du Rouet; Aubagne, dans les fossés de la route de Gémenos (*Reynier!*).

1010. C. platycarpa Kutzing. — Var : Eaux stagnantes à La Farlède (*Albert!*)

1022. Myrtus communis L. — B.-R.: Roquevaire, vallon de la Culasse vers Lascours, plusieurs pieds arborescents (*Reynier!*) — Var ; Presqu'île de Giens (*Roux*); Ile de Porquerolles (*abbé Olivier, Roux*).

1029. Paronychia cymosa Lmk. — Var : Collobrières, au vallon de la Verne (*Roux*).

1030. P. echinata Lmk. — Var : Le Brusc (*Roux*); route d'Hyères à Bormes (*Albert!*) Le Lavandou (*Reynier!*)

1031. P. argentea Lmk. — B.-R.: Mazargues, environs de la fabrique de soude (*Reynier!*) — Var : Ile de Porquerolles (*Legré!*)

1034. P. nivea DC. — B.-R.: Marseille, autour du jas de la Seigneurie à Mazargues (*Reynier!*) Coteaux sur la route de Saint-Martin de Crau à Mouriès (*Roux*).

1040. Corrigiola littoralis L. — Var : Collobrières, le long de la Verne (*Roux*). Ile de Porquerolles (*abbé Olivier*).

1043. Scleranthus biennis Reut. — Var : Collobrières, au bord de la Verne (*Roux*).

1045. Tillæa muscosa L. — Var : Collobrières, au bord de la Verne, rare ((*Roux*). Ile de Porquerolles (*abbé Olivier*).

1049. Sedum Telephium L. — Var : dans les bois du vallon de Valtayède, entre la route de Gonfaron à Collobrières et les bords du torrent (*Roux*); M. Legré l'a rencontré dans le même vallon, mais sur un autre point.

1054. S. rubens L. — Var : Ile de Porquerolles, rochers tournés au nord, non loin du môle (*Reynier!*)

1056. S. cæspitosum DC. — B.-R.: Marseille, les Martégaux au quartier de l'Oule (*Roux*). Bords du Grand Vallat, vers le pont qui est au midi de la ferme dite La Grameuse, entre Cabriès et Les Milles (*Reynier et Roux*).

1057. S. atratum L. — B.-A. : Montagne de Courrouit, à Larche (*Legré!*)
1069. S. anopetalum DC. — B.-A. : Montagne de Lure (*Legré!*)
1073. Sempervivum montanum L. — B.-A. : Larche (*Legré!*)
1078. Mesembrianthemum nodiflorum L. — Var : Ile de Porquerolles (*abbé Olivier*).
1078 a. M. edule L. — Var : Cette magnifique plante est naturalisée en maints endroits, entre autres : les Salins d'Hyères, l'île de Porquerolles (*Roux*).
1079. Ribes uva-crispa L. — B.-R. : Dans une haie au nord-ouest de la tour de la Keirié (*Reynier!*)
1084. Saxifraga cuneifolia L.—B.-A. : Montagne de Lure (*Legré!*)
1086. S. rotundifolia L. — B.-A. : Montagne de Lure et environs de Larche (*Legré!*)
1090. S. granulata L.—Vaucl. : Apt, au vallon du fort de Buoux (*Coste!*) Cucuron (*Deydier!*)
1095, 1098 et 1099. S. muscoides Wulf., S. aizoon Jacq. et S. lingulata Bell. — B.-A. : Montagne de Lure (*Legré!*)
1104. S. oppositifolia L. — B.-A. : Sur les hauteurs de Barcelonnette (*Legré!*)
1110. Daucus maximus Desf. — Var : La Valette près de Toulon, au penchant méridional du Coudon (*Reynier!*)
1111. D. gummifer Lmk. — C'est par confusion avec le *D siculus* que j'avais indiqué cette plante dans le Var.
1113. D. siculus Ten. — B.-R. : Marseille, à Montredon vers la vieille chapelle (*Roux*). — Var : Saint-Nazaire, au cap Nègre ; et île de Porquerolles (*Roux*). Toulon, sur les rochers de grès permien à la batterie St-Elme (*Reynier!*)
1113 a. D. dentatus Bert.—G. G., 1, p. 670.—②. Juin, juillet. Lieux secs et pierreux du bord de la mer. — B.-R. : Marseille, depuis le mont Rose, à Montredon, jusqu'au plan des Cailles ; îles de Pomègue et de Ratoneau (*Roux*). Quelques pieds mêlés au *D. Gingidium*, falaise au levant de l'ex-château impérial, aujourd'hui Ec. de médecine (*Reynier!*)
1117. Orlaya maritima Koch. — Var : Plage de la Garonne vers Carqueyranne (*Reynier!*). Hyères : à la Plage (*Roux*).
1129. Laserpitium latifolium L.—B.-A. : Montagne de Lure (*Legré!*)

1135 a. Selinum carvifolia L. — G.G., 1, p. 686. — ♃.
Juillet-septembre. — B.-A.: Montagne de Lure (*Legré !*)
1139. Peucedanum venetum Koch. — B.-A.: Montagne de Lure (*Legré !*)
1139 a. P. carvifolium Vill.— G..G, 1, p. 690.—♃. Juillet, août. — Var: Cotignac, abonde dans les prés (*Laurans !*)
1142. Ferula nodiflora L.—Var: Hyères, au vieux château (*Roux*).
1149. Heracleum Panaces L.—B.-A.: Montagne de Lure (*Legré !*)
1151. Tordylium maximum L. — B.-R.: Coteau couronné par le village de Mimet près de Gardanne (*Reynier !*)
1152. Meum athamanticum Jacq.—B.-A.: Commun dans les forêts de l'arrondissement de Barcelonnette (*Legré !*)
1156. Athamanta cretensis L. — B.-A.: Montagne de Lure, Colmars, Allos (*Legré !*)
1158. Cnidium apioides Spreng.—B.-A.: Montagne de Lure (*Legré !*)
1159. Seseli tortuosum L. —Var: Au pied méridional du Coudon, entre La Valette et La Farlède (*Reynier !*)
1160. S. elatum L. — Var: Coteaux secs et calcaires à Ampus (*Albert !*)
1161. S. montanum L.—B.-R.: Collines de Pierrascas au-dessus de Roquevaire (*Reynier !*)
1163. S. carvifolium Vill.— B.-A.: Montagne de Lure (*Legré !*)
1170. Œnanthe peucedanifolia Poll. — Var: Hyères, au Ceinturon (*Roux*).
1174. Bupleurum rotundifolium L. — Vaucl.: Apt, dans les moissons (*Coste !*)
1177. B. ranunculoides L. — B.-A.: Montagne de Courrouit, à Larche (*Legré !*)
1178 et 1180. B. caricifolium Rchb. et B. gramineum Vill.—B.-A.: Montagne de Lure (*Legré !*)
1185. B. glaucum Rob. et Cast. — B.-R.: Marseille, aux Catalans, talus du chemin qui contourne, au couchant, le fort Saint-Nicolas (*Reynier !*)
1187. B. rigidum L. — La Crau d'Arles (B.-du-R.) et Augès (B.-A.) (*Legré !*) — Vaucl.: Caumont, au vallon de la Roullière (*Coste !*)
1189. B. fruticosum L.— B.-R.: Abondant dans les bois de Coulin,

route d'Aubagne à Cuges ; vallon du Marseillais à Lascours près de Roquevaire (*Reynier!*)

1190 a. Sium latifolium L. — G.G., 1, p. 726.— ♃. Juillet, août.— B.-R.: Marais de Mas-Thibert (*Legré!*)

1192. Pimpinella saxifraga L.—B.-A.: Montagne de Lure (*Legré!*)

1194. P. Tragium Vill. — B.-R.: Marseille, abondante aux vallons de Peyrard et de la Femme morte, quartier de Saint-Antoine (*Reynier!*)

1196. Bunium Bulbocastanum L. — Var : Ile de Porquerolles (*abbé Olivier*).

1201. Falcaria Rivini Host. — B.-R. : Simiane, en allant à la station de Bouc-Cabriès par le Verger (*Reynier!*)

1210. Anthriscus vulgaris Pers.— B.-R.: Au pied d'un grand escarpement tourné au nord, sur le versant oriental du cap Soubeiran, à La Ciotat (*Reynier!*)

1214. Chœrophyllum aureum L. — B.-A. : Montagne de Lure (*Legré !*)

1221. Echinophora spinosa L. — Var : Hyères, à la Plage (*Roux*). Ile de Porquerolles (*abbé Olivier*).

1224. Conium maculatum L. — B.-R.: Marseille, abondant à Saint-Tronc, sous les pins qui ombragent la traverse de Saint-Loup (*Reynier!*)

1230. Eryngium Spina-alba Vill. — B.-A. : Montagne de Lure (*Legré!*)

1232. E. maritimum L. — Var : Hyères, à la Plage (*Roux*). Ile de Porquerolles (*abbé Olivier*).

1233. Sanicula europæa L. — Vaucl. : Environs de Cucuron (*Deydier!*)

1235. Cornus mas L.—Trets (B.-R.) et Pourcieux (Var) (*Reynier!*)

1238. Arceutobium oxycedri Bieb. — B.-A. : Sur le *Juniperus communis*, et le *J. Oxycedrus*, au pied du versant méridional de la montagne de Lure, entre Saint-Etienne-les-Orgues et Cruis (*Legré!*)

1244. Viburnum Lantana L. — Var : Pourcieux (*Reynier!*) — Vaucl.: Apt, au vallon de la Rochelierre (*Coste!*)

1247. Lonicera etrusca Santi. — B.-R : Marseille, Saint-Antoine, au vallon des Tuves, dans les bois de pins (*Reynier!*)

1248. L. Xylosteum L.—Vaucl.: Apt, au vallon de la Rochelierre (*Coste!*)

1250. L. alpigena L.— B.-A : Montagne de Lure (*Legré!*)

1253. Galium cruciata Scop.— Var : Collobrières, au bord de la Verne (*Roux*).

1254. G. vernum Scop.—Vallon du Lausannier, à Larche (*Legré!*)

1257, 1261 et 1281. G. boreale L., G. lævigatum L. et G. helveticum Weigg. — B.-A.: Montagne de Lure (*Legré!*)

1301. Asperula odorata L. — B.-A.: Montagne de Lure (*Legré!*)

1310. Crucianella maritima L. —Var : Hyères, à la Plage (*Roux*).

1317 a. Valeriana dioica L.— G.G., 2, p. 55.—♃. Mai, juin. — B.-A.: Forêt de Monnier, à Colmars (*Legré!*)

1318. V. tuberosa L. — B.-R.: Sommet de Garlaban et Puy de la Roumi entre Garlaban et Lascours (*Reynier!*)

1320. V. montana L. —B.-A.: Montagne de Lure (*Legré!*)

1324. Valerianella auricula DC. — Var. : Ile de Porquerolles (*abbé Olivier*).

1326. V. echinata DC. — B.-R.: Simiane, au bord des champs vers la station de Bouc-Cabriès (*Reynier!*)

1327. V. puberula DC. — Var : Bormes (*Roux*). Ile de Porquerolles (*abbé Olivier*).

1329. V. Morisonii DC. — B.-R.: Marseille, près de la bergerie à droite du chemin du roi d'Espagne, vers le col de Sormiou (*Reynier!*)

1331. V. eriocarpa Desv. — Var : Champs de la presqu'île de Giens (*Legré!*) Ile de Porquerolles (*abbé Olivier*).

1339. Knautia hybrida Kault.—Var : Champs de la presqu'île de Giens (*Roux*).— Vaucl. : Cucuron (*Deydier!*)

1345. Scabiosa graminifolia L.—B.-A.: Montagne de Lure (*Legré!*)

1346. S. stellata L.—B.-R.: Marseille, vallon de la Nerthe ; les Milles près d'Aix (*Reynier!*)

1349. S. lucida Vill. — B.-A.: Montagne de Lure (*Legré*).

1356. Adenostyles albifrons Rchb. — B.-A.: Forêt de Monnier, à Colmars (*Legré!*)

1357. A. alpina Bl. et Fing. — B.-A.: Montagne de Lure (*Legré!*)

1369. Phagnalon telonense Jord.—Var : vieux murs à la Farlède (*Albert*). Toulon : flanc méridional du Faron, en compagnie des *P. sordidum et saxatile* (*Reynier!*) Bormes (*Roux*).

1370. P. saxatile Cass. — B.-R.: Cassis, à l'anse de Portmiou (*Reynier!*)

1371. Conyza ambigua DC. — Var : Toulon, bords des routes, en compagnie de l'*Erigeron canadense* (*Reynier!*)

1373. Erigeron acris L.—Var : Ile de Porquerolles (*abbé Olivier*). Vaucl. : Cucuron (*Deydier!*)

1377. E. uniflorus L. — B.-A. : Vallon du Lausannier, à Larche (*Legré!*)

1378. Aster alpinus L. — B.-A. : Vallon du Lausannier, à Larche (*Legré!*)

1383. Bellidiastrum Michelii Cass. — B.-A. : Allos, aux alentours du lac (*Legré!*)

1386 a. Doronicum plantagineum L. — Var : Chaîne des Maures, bords de divers petits cours d'eau entre Pignans et Gonfaron (*Legré!*)

1391. Aronicum scorpioides DC. — B.-A. : Montagnes du lac d'Allos (*Legré!*)

1396. Senecio lividus L. Var : Collobrières, à la Verne, (*Roux*). Bois au nord de la ville d'Hyères (*Albert!*) Ile de Porquerolles (*abbé Olivier*).— Vaucl.: Cucuron (*Deydier!*)

1398. S. crassifolius Willd.— B.-R.: Marseille, aux îles de Maïre et Plane (*Roux*).

1399. S. gallicus L. — B.-R.: Le Rove, en allant vers Ensuès (*Reynier!*). — Vaucl.: Environs de Cucuron (*Deydier!*)

1403. S. Jacobæa L. v. β *nemorosus* Loret. — Var : Colline de Fenouillet près d'Hyères (*Legré!*)

1408 a. S. paludosus L. — G.G., 2, p. 117. — ♃. Juillet, août. — B.-R. : Dans les paluds de Raphèle près Arles (*Legré et Coste!*)

1410. S. Doria L. — Vaucl.: Fontaine de Vaucluse et Apt : au vallon de la Rochelierre (*Coste!*)

1417. Arthemisia camphorata Vill. — B.-A. : Montagne de Lure (*Legré!*)

1432. Leucanthemum pallens DC. — Var : Pourcieux (*Roux*). Toulon : à l'Hubac de Faron (*Reynier!*)

1440. Chrysanthemum segetum L. — Var : vallon des Mayons, le Brusc, presqu'île de Giens (*Roux*). Ile de Porquerolles (*abbé Olivier, Roux*).

1441. C. Myconis L. — Var : Champs de la presqu'île de Giens, etc. (*Roux*). Ile de Porquerolles (*abbé Olivier, Roux*).

1446. Chamomilla mixta G. G. — Var : Ile de Porquerolles (*abbé Olivier*).

1452. Anthemis maritima L. — Var : Ile de Porquerolles (*abbé Olivier, Roux*).

1457 et 1458. Anacyclus clavatus Per. et A. radiatus Lois. — Var : Champs de la presqu'île de Giens (*Roux*).

1463. Achillea odorata L. — B.-R. : Marseille, au bord du canal entre Saint-Menet et la Barasse (*Reynier et Raoux!*)

1465. A. setacea W. et K. — B.-A. : Montagne de Lure (*Legré!*)

1466. A. compacta Lamk. — B.-R. : Talus sous la gare de Roquefavour ; Meyreuil (*Reynier!*) ; Saint-Pons de Roquefavour (*Roux*).

1469. A. nobilis L. — B.-R. : Luynes entre Gardanne et Aix (*Laurans!*) — Var : Collobrières, lieux montueux (*Roux*).

1471. A. ageratum L. — Var : Aux Crottes près La Motte des Arcs (*Heckel!*) ; sur le coteau de grès permien qui sépare La Garde de la Valette près de Toulon (*Reynier!*)

1475. A. nana L. — B.-A. : Forêt de Monnier, à Colmars (*Legré!*)

1477. Bidens tripartita L. — B.-R. : Abondant le long du chemin de la Penne à Fenestrelle près d'Aubagne (*Reynier!*)

1487. Inula spiræifolia L. — B.-R. : Marseille : Saint-Henry, vallon boisé au sud-ouest du Moulin du Diable, et l'Estaque, dans le ravin au-dessus du tunnel (*Reynier !*)

1489. I. salicina L. — Var : Pourcieux, commun dans les bois (*Roux*).

1491. I. crithmoides L. — Var : Hyères, à la Plage et à l'isthme de Giens (*Roux*).

1495. Pulicaria odora Rchb. — Var : Ile de Porquerolles (*Roux*).

1499. Cupularia graveolens G.G. — Var : La Seyne (*Reynier!*)

1501. Jasonia glutinosa DC. — Marseille : Château-Gombert : hauteurs de Palama et, à un niveau bien inférieur, sur un rocher de poudingue en allant à la Croix-Rouge (*Reynier!*)

1501 a. J. tuberosa DC. — G. G., 2, p. 182. — ♃. Juillet, août. — B.-A.: Collines arides entre Sigonce et le Revest-Enfangat (*Legré!*). — Vaucl.: Saint-Hippolyte près d'Avignon (*Grenier et Godron*).

1514. FILAGO GERMANICA L. var. *canescens*. — Var : Lieux sablonneux entre Saint-Nazaire et le Brusc (*Roux*).

1515. F. ERIOCEPHALA Guss. — Var : Ile de Porquerolles (*abbé Olivier, Roux*).

1516. F. ARVENSIS L. — B.-A.: Montagne de Lure (*Legré!*)

1519. MICROPUS ERECTUS L. — B.-R.: Saint-Victoret (*Reynier!*)

1524. GALACTITES TOMENTOSA Mœnch. — Var : Draguignan ; tous les environs d'Hyères où cette plante est d'une abondance extrême (*Roux*). Ile de Porquerolles (*abbé Olivier, Roux*).

1526. SILYBUM MARIANUM Gœrtn. — Var : Ile de Porquerolles (*abbé Olivier, Roux*).

1529. NOTOBASIS SYRIACA Cass.—Var : Abondant, mais très localisé, sur un point de la deuxième presqu'île des Sablettes, entre le fort Saint-Elme et le cimetière du Cros-Saint-Georges (*Reynier et Albert!*)

1530. PICNOMON ACARNA Cass. Var : Assez commun sur les coteaux à Cotignac (*Laurans!*) — Vaucl.: Cucuron (*Deydier!*)

1537. CIRSIUM BULBOSUM DC. — Var : Pourcieux (*Roux*). — B.-A.: Environs de Manosque (*Laurans!*)

1540 a. C. heterophyllum All. — G. G., 2, p. 222. — ♃. Juin, juillet. — B.-A.: Vallon du Lausannier, à Larche (*Legré!*)

1550. CARDUUS SANCTÆ-BALMÆ Lois. — Var : Hauteurs de Pourcieux (*Roux*). Au pied de l'escarpement des Béguines, sur la lisière même du bois de la Sainte-Baume (*Reynier!*)

1550 a. C. aurosicus Vill. — G.G., 2, p. 234.— ☉. Juillet, août. — Environs de Barcelonnette (*Proal*).

1552. C. CARLINÆFOLIUS Lmk. — B.-A.: Larche (*Legré!*)

1554. CARDUNCELLUS MONSPELIENSIUM All. — B.-A. : Environs de Manosque (*Laurans!*)

1566. CENTAUREA SEMIDECURRENS Jord.— B.-A.: Montagne de Lure (*Legré!*)

1570. C. SCABIOSA L. — B.-A.: Environs de Manosque (*Laurans!*)

1574. C. INTYBACEA Lmk. —Var : Sommet de Coudon près de la Farlède (*Reynier !*)

1577. C. HANRYI Jord.—B.-R.: Aix, au sommet de Sainte-Victoire (*Roux*).

1579. C. PANICULATA L.—Var : Notre-Dame des Anges de Pignans (*Roux*).

1580. C. POLYCEPHALA Jord. — Var : Notre-Dame des Anges de Pignans (*Roux*). — Vaucl.: Cucuron (*Deydier !*)

1581. C. RIGIDULA Jord. — B.-A.: Montagne de Lure (*Legré !*)

1583. C. COLLINA L.— Var : Ile de Porquerolles (*abbé Olivier*). — Vaucl.: Cucuron (*Deydier !*)

1588. C. MELITENSIS L. — Var : Ile de Porquerolles (*abbé Olivier*); île du Levant (*Legré !*)

1590. MICROLONCHUS SALMANTICUS DC. — B.-R.: Berre, vers l'Arc ; environs de la gare de Bouc-Cabriès (*Reynier !*)

1593. CNICUS BENEDICTUS L.—Var: Hyères, à la Roquette (*Reynier !*)

1599. LEUZEA CONIFERA DC. — Var : Ile de Porquerolles (*abbé Olivier*).— Vaucl.: Cucuron (*Deydier !*)

1602. STOEHELINA DUBIA L. — Var : Ile de Porquerolles (*abbé Olivier, Roux*).

1605 et 1606. CARLINA LANATA et C. CORYMBOSA L. — Var : Ile de Porquerolles (*abbé Olivier*).

1607. C. ACAULIS — B.-A.: Montagne de Lure (*Legré !*)

1608. C. ACANTHIFOLIA All. — B.-R.: Entre l'ermitage de Saint-Jean de Trets et l'Olympe (*Reynier !*).—B.—A.: Montagne de Lure (*Legré !*)

1613. XERANTHEMUM INAPERTUM Willd. — B.-R. : Marseille, à l'Estaque, au-dessus du tunnel (*Reynier !*).— B.-A. : Environs de Manosque (*Laurans !*)

1618. TOLPIS BARBATA Willd. — Var : Hyères, dans les bois de Fenouillet (*Albert !*) Ile des Embiez (*Roux*). Ile de Porquerolles (*abbé Olivier, Roux*).

1622. HYOSERIS RADIATA L. — Var : Ile de Porquerolles (*abbé Olivier, Roux*).

1625. HYPOCHOERIS GLABRA L.— B.-R.: Marseille, traverse du roi d'Espagne à Mazargues (*Reynier !*) — Var : Ile de Porquerolles (*abbé Olivier*).

1637. Leontodon alpinum Will. — B.-A. : Vallon du Lausannier à Larche (*Legré !*)

1638. L. Villarsii Lois. — B.-R. : Marseille : Très commun dans les collines de la chaîne de l'Etoile, depuis Château-Gombert jusqu'à la voie ferrée de Bouc-Cabriès à Simiane (*Reynier !*)

1640. Picris Sprengeriana Lmk. — Var : Toulon : abondant au coteau des Améniers (*Reynier !*)

1642 a. P. pyrenaica L. — G.G., 2, p. 203. — ②. Juillet-septembre. — B.-A. : Vallon du Lausannier, à Larche (*Legré !*)

1646. Scorzonera hirsuta L. — B.-A.: Environs de Manosque (*Laurans !*)

1665. Taraxacum erythrospermum Andrez. — Var : Toulon, au sommet du Faron (*Reynier*).

1667. T. gymnanthum DC. — B.-R. : Marseille, environs de la ferme dite La Route, près de Luminy (*Reynier !*)

1672. Lactuca chondrillæflora Boreau. — Vaucl. : Environs de Cucuron (*Deydier !*)

1686. Sonchus glaucescens Jord. — Var : Ile de Porquerolles, à la pointe des Mèdes (*Reynier !*)

1688. S. maritimus L. — B.-R. : Marseille, le long du fossé d'arrosage de la Corniche, entre le Roucas-Blanc et le château Talabot (*Reynier !*)

1691. Zacintha verrucosa Gœrtn. — Var : Ile de Porquerolles (*abbé Olivier*).

1694. Crepis recognita Hall. — Var : Hyères, les Pesquiers, Giens, etc. (*Roux*); île de Porquerolles (*abbé Olivier*).

1695. C. bursifolia L. — Var : Gare de Saint-Nazaire, île de Porquerolles (*Roux*).

1696. C. setosa Hall. — B.-R.: Marseille, abondant à la Penne, vers l'entrée du vallon des Escourtines (*Reynier !*)

1697. C. leontodontoides All. — Var : Ile de Porquerolles (*abbé Olivier, Roux*).

1701. C. bulbosa Cass. — A la calanque des Vaux près de Cassis (B.-R.) et au pied méridional du Faron à Toulon (Var) (*Reynier !*)

1708. C blattarioides Vill. - B.-A.: Vallon du Lausannier à Larche (*Legré!*)

1710. Soyeria montana Mœnch.—B.-A.: Vallon du Lausannier à Larche (*Legré!*)

1720. Hieracium staticæfolium Vill.—B.-A.: Manosque (*Laurans!*) — Vaucl.: Cucuron (*Deydier!*)

1746. Xanthium macrocarpum DC.— B.-R.: Champs des bords de l'étang de Marignane près de la source de Pataflou (*Reynier!*)

1747. X. italicum Moretti. — Var : Hyères, à l'embouchure du Gapeau ; y a été découvert par M. Albert ; je l'y ai cueilli après lui, en compagnie des *Xanthium strumarium* et *macrocarpum*.

1757. Phyteuma Halleri All.—B.-A.: Forêt de Courrouit à Larche (*Legré!*)

1762. Campanula medium L. — Var : Toulon : à l'Hubac de Faron (*Reynier!*)

1762 a. C. barbata L. — G.G., 2, p. 407. — ♃. Juillet, août. B.-A.: Vallon du Lausannier à Larche (*Legré!*)

1763. C. Allionii Vill. — B.-A.: Larche (*Legré!*)

1765. C. glomerata L. — B.-A: Montagne de Lure (*Legré!*) — Vaucl.: Cucuron (*Deydier!*)

1774. C linifolia Lmk.— B.-A.: Montagne de Lure (*Legré!*)

1775. C. rotundifolia L., *forme pubescente*. — B.-R.: Marseille, collines de Marsilhoveiré (*Reynier!*)

1779. C. pusilla Hœnk. — B.-A.: Environs de Larche (*Legré!*)

1783. C. persicifolia L.— B.-A.: Montagne de Lure et forêt de Monnier à Colmars (*Legré!*)

1784, 1785 et 1786. Vaccinium Myrtillus, V. uliginosum et V. Vitis-idæa L. — B.-A. : Forêts de l'arrondissement de Barcelonnette (*Legré!*)

1787. Arbutus Unedo L.— B.-R.: Assez abondant dans les bois de Coulin, route d'Aubagne à Cuges (*Reynier!*) — Var : Ile de Porquerolles (*abbé Olivier, Roux*).

1789. Calluna vulgaris Salisb. — Var : Ile de Porquerolles (*abbé Olivier, Roux!*) — B.-A.: Montagne de Lure (*Legré!*)

1791. Erica arborea L. — Var : Route d'Hyères à Bormes

(*Reynier!*) Le Brusc (*Roux*). Ile de Porquerolles (*abbé Olivier, (Roux*).

1792. E. scoparia L. — B.-R. : Le Regage entre Peypin et Pichaury (*Reynier!*). — Var : Pourcieux, sur les basses collines(*Roux*). Ile de Porquerolles (*abbé Olivier, Roux*).

1800. Monotropa Hypopithys L. — B.-R. : Quelques pieds au Puy de la Roumi entre Garlaban et Lascours (*Reynier!*) Simiane : dans un vallon au pied du Pilon du Roi, très rare (*Bressier!*) — Var : Toulon : deux pieds au nord-ouest du vieux fort de Sainte-Marguerite (*Reynier!*)

1804. Utricularia vulgaris L. — B.-R. : Marais de Mas-Thibert (*Legré!*)

1806. U. minor L. — B.-R.: Marais et ruisseaux à Raphèle près d'Arles (*Roux, Legré!*)

1808. Primula officinalis Jacq. — Var : Pourcieux, versant nord de la montagne des Aurelles (*Reynier!*)

1815. Androsace villosa L.— B.-A. : Montagne de Lure (*Legré!*)

1822. Soldanella alpina L.—B.-A.: Forêt de Courrouit, à Larche (*Legré!*)

1823. Asterolinum stellatum Link. — Var : Ile de Porquerolles (*abbé Olivier, Roux*).

1829. Anagallis tenella L.— B.-R.: Marseille, vallon des Ouïdes et autres voisins (*Reynier!*)

1833. Fraxinus excelsior L.— B.-A.: Montagne de Lure (*Legré!*)

1834 a. **F. parvifolia** Lmk.— G.G., 2, p. 472.— ♃. Fl. mars, avril ; fr. juin, juillet. — B.-R. : Aix, assez commun aux bords de l'Arc et de la route entre Roquefavour et Saint-Pons (*Roux*) ; le Tholonet, au pied du Grand Cabrié (*De Fonvert et Achintre*). — Var : Pourcieux, dans les bois au pied des collines, du côté de Roquefeuille (*Roux*).

1838. Le nom de genre Olea a été omis. Au lieu de *L. europœa* L., il faut lire : Olea europæa L.

1846. Vinca acutiflora Bert. — Var : Abonde à Toulon et sur les rives du Gapeau entre Solliès-Pont et Solliès-Toucas (*Roux*).

1847. V. minor L.— Var : Hyères, à la Roquette (*Reynier!*) La Verne (*Roux*).— Vaucl.: Cucuron (*Deydier!*)

1853. Gomphocarpus fruticosus R. Br. — Var : Ile de Porquerolles (*abbé Olivier*). Spontané??

1854 et 1855. E. pulchella et E. Centaurium Pers. —Var : Ile de Porquerolles (*abbé Olivier, Roux*).

1856. E. latifolia Smith. — Var : Ile de Porquerolles (*abbé Olivier*).

1859. E. maritima Pers. — Var : Ile de Porquerolles, assez commun (*Roux*) ; non citée par l'abbé Olivier.

1860. E. spicata Pers.— Var : Ile de Porquerolles (*abbé Olivier*).

1865 a. Gentiana punctata L.— G.G., 2, p. 490.— ♃. Août. B.-A. : Forêt de Monnier à Colmars (*Legré !*)

1869. G. acaulis G.G., p. 491 (*ex parte*). G. Kochiana Perrier et Songeon.—B.-A.: Vallon du Lausannier à Larche (*Legré !*)

1876. G. ciliata L. — B.-A.: Montagne de Lure (*Legré !*)

1878. Limnanthemum nymphoides Link. — B.-R. : Roubine du Vigueirat près de Mas-Thibert (*Legré !*)

1881. Convolvulus Soldanella L. — Var : Hyères, à la Plage et aux Pesquiers (*Roux*). Ile de Porquerolles (*abbé Olivier, Roux*).

1884. C. althæoides L. — Var : Hyères, commun partout : presqu'île de Giens, Porquerolles, etc. (*Roux*).

1886. C. linearis DC. — B.-R.: Marseille, quelques pieds dans les collines de la propriété De Samatan, à Château-Gombert (*Reynier !*)

1891. C. siculus L. — Var : Saint-Nazaire, dans les champs de Pipière, où il est commun suivant M. Laurans.

1892. Cressa cretica L.—Var : Ile de Porquerolles (*abbé Olivier*).

1893. Cuscuta europæa L. — B.-A. : Montagne de Lure, sur l'*Urtica dioica* (*Legré !*)

1895. C. Godroni Desm. — Var : Notre-Dame des Anges de Pignans, sur les légumineuses (*Roux*).

1900. Cerinthe alpina Kit.— B.-A.: Prairies de l'Eyssanet, entre Colmars et le lac d'Allos (*Legré !*)

1911. Anchusa arvensis Bieb.— Var : Ile de Porquerolles (*abbé Olivier*).

1919. Lithospermum officinale L.— B.-A.: Environs de Manosque (*Laurans !*)

1922. L. APULUM Vahl. — B.-A. : Marseille, Saint-Antoine : au Moulin du Diable (*Reynier et Raoux!*)

1925. ECHIUM TUBERCULATUM Hoffm. — Var : Ile de Porquerolles (*abbé Olivier*).

1927. E. CRETICUM L.—Var : Bords des champs à Bormes (*Roux*) ; au Lavandou (*Albert et Reynier!*)

1928. E. PLANTAGINEUM L.— Var : Le Brusc; presqu'île de Giens (*Roux*). Ile de Porquerolles (*abbé Olivier, Roux*).

1929. E. CALYCINUM Viv. — Sur la butte de mélaphyre portant à son sommet les ruines du château de la Garde près de Toulon (Var) et au Mont-Chevalier à Cannes (A.-M.) (*Reynier!*)

1935. MYOSOTIS STRICTA Link. — Var : Commun sur l'isthme de Giens et dans l'île de Porquerolles (*Roux*) ; non cité par l'abbé Olivier.

1936. M. VERSICOLOR Pers.—Var : Sur la route d'Hyères à Bormes (*Albert et Reynier!*)

1937. M. HISPIDA Schr.—Ile de Porquerolles (*abbé Olivier, Roux*).

1938. M. INTERMEDIA Link. — Var : Ile de Porquerolles (*abbé Olivier, Roux*).— Vaucl.: Cucuron (*Deydier!*)

1939. M. SYLVATICA Hoffm. — Var : Collobrières, au bord de la Verne (*Roux*). — B.-A.: Montagne de Lure (*Legré!*)

1943. CYNOGLOSSUM CHEIRIFOLIUM L.—Vaucl.: Environs de Cucuron (*Deydier!*)

1944. C. PICTUM Ait.— Var : Ile de Porquerolles (*abbé Olivier*). - Vaucl.: Cucuron (*Deydier!*)

1945. C. OFFICINALE L.— B.-A.: Montagne de Lure (*Legré!*)

1953. LYCIUM MEDITERRANEUM Dunal.— Var : Toulon, environs de l'usine à gaz et du fort Sainte-Catherine (*Reynier!*)

1975. VERBASCUM BOERHAVII L. Var : Ile de Porquerolles (*abbé Olivier*).

1979. V. CHAIXII Vill. — B.-A.: Montagne de Lure (*Legré!*)

1980. V. BLATTARIA L. — Le long de la route des Milles à Saint-Pont de Roquefavour (B.-R.) et champs riverains du ruisseau des Amoureux à Toulon (Var) (*Reynier!*) Ile de Porquerolles (*abbé Olivier*).— Vaucl.: Environs de Cucuron (*Deydier!*)

1980 a. V. virgatum With. — G.G., 2, p. 554. — ②. Juin-septembre. — Vaucl.: Environs de Cucuron (*Deydier!*)

1982. SCROPHULARIA PEREGRINA L. — Var : Sur la butte de mélaphyre portant à son sommet les ruines de la Garde près de Toulon (*Reynier!*); Hyères, au vieux château (*Coste!*); Ile de Porquerolles (*abbé Olivier*).

1985. S. LUCIDA L. — Var : Ile de Porquerolles (*abbé Olivier*).

1992. ANTIRRHINUM LATIFOLIUM DC. — Var : Au pied septentrional du coteau de Pipière près de Saint-Nazaire (*Reynier!*)

1997. LINARIA GRÆCA Chav. — Var : Ile de Porquerolles (*abbé Olivier, Roux*).

1997 a. L. cirrhosa Willd. — G.G., 2, p. 575. — ⊙. Juin-août. — Var : Toulon, aux Sablettes (*Huet!*); Iles d'Hyères (*Hanry*); Ile de Porquerolles (*abbé Olivier*).

1999. L. VULGARIS Mœnch. — B.-A.: Environs de Larche (*Legré!*)

2000. L. PELISSERIANA DC. — Var : Saint-Nazaire, sur les hauteurs de Pipière, rare (*Roux*). Hyères, dans les champs de la presqu'île de Giens (*Legré!*) Ile de Porquerolles, commun (*abbé Olivier, Roux*).

2007. L. ALPINA DC. — B.-A.: Vallon du Lausannier, à Larche (*Legré!*)

2010. L. RUBRIFOLIA DC. — B.-R.: Marseille, à l'Estaque et à la Fontaine d'ivoire (*Reynier!*)

2011. L. ORIGANIFOLIA DC. — Var : Pourcieux, sur les rochers du versant nord de la montagne des Aurelles (*Reynier!*)

2012. GRATIOLA OFFICINALIS L. — B.-R.: Marais à droite de la route de Saint-Martin de Crau à Mouriès (*Reynier!*)

2015. VERONICA CHAMÆDRIS L. — B.-R. : Marseille : prairie du parc Borély voisine du musée d'archéologie (*Reynier!*)

2016. V. URTICÆFOLIA L. — B.-A. : Vallon du Lausannier à Larche (*Legré!*)

2020 et 2022. V. APHYLLA L. et V. ALLIONII Vill. — B.-A.: Montagne de Courrouit, à Larche (*Legré!*)

2024. V. BELLIDIOIDES L. — B.-A.: Environs de Larche (*Legré!*)

2029. V. ACINIFOLIA L. — B.-R.: Marseille : abonde dans les prés à Saint-Menet et à Camp-Major (*Laurans!*) — Var : Pignans, au vallon de Martet (*Legré!*)

2036. Digitalis grandiflora All. — B.-A. : Montagne de Lure (*Legré !*)

2038. Euphrasia salisburgensis Funk. — B.-A.: Montagne de Lure et environs de Larche (*Legré !*)

2044. Trixago apula Stev.— B.-A.: Marseille, quelques pieds aux environs de la fabrique de soude de Mazargues (*Reynier !*); entre Pas des Lanciers et Vitrolles (*Raoux !*); port de Bouc à Martigues (*Laurans !*) —Var : Ile de Porquerolles (*abbé Olivier, Roux*).

2045. Eufragia viscosa Benth.— Var : Presqu'île de Giens, etc. (*Roux*); île de Porquerolles (*abbé Olivier, Roux*).

2048. Odontites serotina Rchb.—B.-R. : Marignane : aux bords de l'étang (*Reynier !*)

2049. O. viscosa Rchb. — B.-R.: Abondant sur toutes les collines de l'Etoile, depuis Château-Gombert jusqu'à la voie ferrée de Bouc-Cabriès-Simiane (*Reynier !*)

2054 et 2062. Pedicularis verticillata L. et P. fasciculata Bell. — B.-A.: Forêt de Courrouit, à Larche (*Legré !*)

2069. Melampyrum sylvaticum L. — B.-A. : Forêt de Monnier à Colmars (*Legré !*)

2072. Phelipæa cæsia Reut.— B.-R.: Marseille, sur la Camphrée, près de l'usine de plomb de l'Escalette, quartier de Montredon (*Reynier !*)

2076. P. Muteli Reut. — Var : Ile de Porquerolles (*abbé Olivier*).

2082. Orobanche fuliginosa Reut. Sur le *Senecio Cineraria.* — B.-R. Marseille, près de l'usine de plomb de l'Escalette, quartier de Montredon, quelques pieds seulement (*Reynier !*) — Var : Ile de Porquerolles (*abbé Olivier*).

2094. O. pubescens d'Urv. — Var : Ile de Porquerolles (*abbé Olivier*).

2095. O. hederæ Duby.—Var : Toulon : versant oriental de Faron sur la Valette (*Reynier !*)

2096. O. minor Sutton.— Var : Ile de Porquerolles (*abbé Olivier*). Rapporter à cette espèce les *Orobanche trifolii, plantaginis, ornithopi et carotæ* de l'abbé Olivier (*Roux*).

2098. O. cernua Loefl. — B.-R.: Marseille, à la Madrague de Montredon, sur *Artemisia gallica* (*Reynier !*)

2116. Hyssopus officinalis L. — B.-R.: La Crau d'Arles (*Legré !*)
2118. Satureia montana L.— B.-R.: Très commun à Roquefavour (*Roux*).
2123. Calamintha nepetoides Jord. — — B.-A.: Montagne de Lure (*Legré !*)
2124. C. alpina Lmk. — B.-A.: Vallon du Lausannier, à Larche (*Legré !*)
2139. Nepeta lanceolata Lmk. — B.-R. : Ravin oriental du sommet de Garlaban; y est rare (*Reynier !*)
2159. Stachys germanica L. — B.-R.: Le Rove et entre Bonnieu et Lauron près de Martigues (*Reynier !*) — Montagne de Lure (*Legré !*)
2160. S. italica Mill. — B.-R.: Dans un champ, à Saint-Pons de Gémenos (*Laurans*). — Var : Ile de Porquerolles (*abbé Olivier*).
2163. S. sylvatica L.—B.-A.: Montagne de Lure (*Legré !*)
2165. S. arvensis L. — Var : Hyères, au coteau de Saint-Jean (*Albert et Reynier !*) Le Lavandou (*Reynier !*) Ile de Porquerolles (*abbé Olivier, Roux*).
2167. S. annua L. —B.-R.: Vallon de Rouvière près de Roquefort (*Reynier !*)
2168. S. maritima L. — Var : Hyères, dans les sables de la Plage (*Roux*); Ile de Porquerolles (*abbé Olivier, Roux*).
2170. Betonica hirsuta L. — B.-A: Montagne de Lure (*Legré !*)
2174. Phlomis Lychnitis L.— B.-R. : Septêmes (*Reynier !*)
2187. Brunella grandiflora Mœnch. — B.-A. : Montagne de Lure (*Legré !*)
2189. Ajuga pyramidalis L.—B.-A.: Forêt de Courrouit, à Larche (*Legré !*)
2193. A. pseudo-Iva Rob. et Cast. — Var : Ile de Porquerolles (*abbé Olivier*); île du Levant (*Legré !*)
2207. Acanthus mollis L. — Var : La Valette près de Toulon: abonde près de la chapelle de Sainte-Cécile (*Reynier !*)
2216. Plantago serpentina Vill. — B.-R.: Marseille, à la Nerthe; Septêmes, Simiane (*Reynier !*)
2223. P. albicans L.—B.-R.: Abondant depuis les Pennes jusqu'au Pas-des-Lanciers, au pied méridional des collines (*Reynier !*)

2224. P. Bellardi All. —Var : Le Lavandou (*Albert et Reynier!*)
2235. Statice globulariæfolia Desf. — B.-A. : Marseille, très abondant sur la falaise près de l'usine métallurgique du Rio-Tinto à l'Estaque (*Reynier!*)
2239. S. minuta L. — Var : Ile de Porquerolles (*abbé Olivier, Roux!*)
2242. S. echioides L.— B.-R. : Au pied de la tour ruinée qui domine Simiane ; à plus de 15 kilomètres du rivage maritime (*Reynier!*)
2244. Globularia cordifolia var. nana G.G.— B.-R. : Marseille, descend des crêtes qui environnent le Pilon du Roi jusqu'à une altitude assez basse dans le vallon du Sautadou à Château-Gombert (*Reynier!*)
2273. Chenopodium Botrys L. — B.-R. : Marseille, à la Madrague de Montredon (*Reynier!*)
2276. C. ficifolium Smith. — Var : Un seul pied, dans un jardin, à Saint-Jean du Var, faubourg de Toulon (*Reynier!*)
2283. Roubieva multifida M. T. — Var : Ile de Porquerolles, où je n'en ai rencontré qu'une grande touffe aux alentours du port ; pourra se propager, si on ne la détruit pas (*Roux*).
2293. Suæda maritima Dumort. — Var : Ile de Porquerolles (*abbé Olivier*).
2295. Salsola Kali L. — Var : Ile de Porquerolles (*abbé Olivier*).
2296. S. Tragus L. — Var : Ile de Porquerolles (*abbé Olivier*).
2297. S. Soda L.— Var : Ile de Porquerolles (*abbé Olivier*).
2298. Oxyria digyna Campd.—B.-A. : Environs de Larche (*Legré!*)
2299. Rumex maritima L. —Var : Ile de Porquerolles (*abbé Olivier*) (? ? *Roux*).
2300. R. bucephalophorus L. — Var : Ile de Porquerolles (*abbé Olivier, Roux*).
2334. Daphne alpina L. — B.-A. : Montagne de Lure (*Legré!*)
2336. D. Gnidium L. — Var : Ile de Porquerolles (*abbé Olivier*).
2337. Passerina annua Spreng.— Var : Ile de Porquerolles (*abbé Olivier*). — B.-A. : Abonde à Manosque (*Laurans!*)
2338. P. Thymelæa DC. — Var : Cotignac, à Notre-Dame des Grâces, où elle est abondante ; signalée dans cette localité par Gérard (*Laurans!*)

2341. P. hirsuta L. — Var : Ile de Porquerolles (*abbé Olivier*).
2353. Aristolochia rotunda L. — B.-R.: Les Milles près d'Aix, champs humides vers Saint-Pons de Roquefavour (*Reynier et Raoux !*)
2358. Euphorbia Peplis L. — Var : Ile de Porquerolles (*abbé Olivier*).
2359. E. Preslii Guss.—Var : Cotignac, dans un jardin au-dessous d'une fabrique de chapeaux, où elle s'est multipliée de graines venues d'Italie probablement avec des peaux de lapins (*Laurans !*)
2372. E. Pithyusa L. — Var : Ile de Porquerolles (*abbé Olivier*).
2373. E. Paralias L. — Var : Ile de Porquerolles (*abbé Olivier*).
2374. E. dendroides L. Var : Le Lavandou (*Roux*).
2375. E. nicæensis All.—Var : Toulon, au Regage près de Touris (*Reynier !*)
2396. Mercurialis ambigua L. — Var : Le Lavandou (*Reynier !*)
2399. Crozophora tinctoria Juss.—Var : Le Castellet et aux Crottes près de La Motte (*Heckel !*); champs à Nans (*Reynier !*)
2412. Urtica pilulifera L. — Var : Ile de Porquerolles (*abbé Olivier*).
2422. Quercus pedunculata Ehrh.—B.-R.: Marseille, rive gauche de l'Huveaune dans le parc Borély, un seul pied (*Coste et Reynier !*)
2432 a. Salix pentandra L. — G.G., 3, p. 137. — ♃. Mai, juin. — B.-A. : Vallon du Lausannier, à Larche (*Legré !*)
2440. S. capræa L. — B.-A. : Montagne de Lure (*Legré !*)
2440 a. S. hastata L. — G.G., 3, p. 124. — ♃. Juin, juillet.— B.-A. : Montagne de Courrouit, à Larche (*Legré !*)
2443 et 2444. S. reticulata L. et S. retusa L. — B.-A.: Montagne de Courrouit, à Larche (*Legré !*)
2447 a. Populus canescens Smith. — G.G., 3, p. 144. — B.-R.: Rives de l'Arc de Roquefavour à Saint-Pons (*Roux*).
2451 a. Platanus cuneatus Willd. — B.-R.: Velaux, sur le bord des champs vers l'Arc; il diffère des deux autres espèces par sa petite taille, par le pétiole de la feuille bien plus court et surtout par ses fruits plus petits, sessiles et dont la base enveloppe le pédoncule (*Roux*).

2453. Betula alba L. — B.-A. : Montagne de Lure (*Legré !*)
2474. Ephedra distachya L. — B.-R. : Abonde sur le Jay, entre l'étang de Berre et celui de Marignane, dans la portion rapprochée de Vitrolles (*Reynier et Raoux !*).
2485. Colchicum arenarium W. et K. — B.-R. : Vallon boisé au nord de la chaîne de collines de l'Etoile, entre Fabregoules et le Pilon du Roi (*Reynier !*)
2488. Tofieldia calyculata Wahl.—B.-A.: Vallon du Lausannier à Larche, et prairies de l'Eyssanet entre Colmars et le lac d'Allos (*Legré !*)
2493. Tulipa sylvestris L.— B.-R.: Champs de blé à Meyreuil près d'Aix (*Reynier et Raoux !*)
2494. T. gallica Lois.— B.-R.: Bois de la Barrasse au-dessus de la route de Toulon et du siphon du canal (*F. Marion*).
2500. Lilium Martagon L. — B.-A.: Montagne de Lure et environs de Larche (*Legré !*)
2544. Allium flavum L. — B.-A.: Montagne de Lure (*Legré !*)
2546. A. moschatum L.— B.-R.: Abonde sur un coteau au-dessus de Kasigra entre Septêmes et Fabregoules (*Reynier !*)
2547. A. narcissiflorum Vill. — B.-A. : Montagne de Lure et vallon du Lausannier à Larche (*Legré !*)
2561 a. Paradisia liliastrum Bert.— G.G., 3, p. 221. — ♃. Juillet.— B.-A.: Vallon du Lausannier, à Larche (*Legré !*)
2573. Polygonatum verticillatum All.—B.-A.: Montagne de Lure (*Legré !*)
2583. Crocus vernus All.— B.-A.: Montagne de Lure (*Legré !*)
2631. Epipactis atro-rubens Hoffm. — B.-A.: Montagne de Lure (*Legré !*)
2636. Neottia Nidus-avis Rich. — B.-A. : Montagne de Lure (*Legré !*)
2647. Aceras densiflora Boiss. — B.-R.: Dans les bois de Coulin, route d'Aubagne à Cuges (*Reynier !*)
2661. Orchis globosa L.— B.-A.: Vallon du Lausannier, à Larche (*Legré !*)
2669. O. sambucina L. — B.-A.: Montagne de Lure (*Legré !*)
2675. O. conopsea L. — B.-A. : Vallon du Lausannier, à Larche (*Legré !*)

2677. O. viridis Crantz. — B.-A.: Montagne de Lure (*Legré !*)
2678. O. albida Scop. — B.-A. : Vallon du Lausannier, à Larche (*Legré !*)
2679. Nigritella angustifolia Rich. — B.-A.: Vallon du Lausannier, à Larche (*Legré !*)
2696. Potamogeton natans L. var. fluitans, *P. fluitans* Roth. (Gr. et Godr.) — Forme plus commune que le type !
2697. P. rufescens Schrad. — B.-R.: Marais de Capeau au Mas-Thibert; marais de Raphèle (*Legré !*)
2698. P. plantagineus Ducros. — B.-R. : Raphèle près d'Arles (*Legré !*)
2702. P. pusillus L. — B.-R. : Raphèle près d'Arles, dans les roubines (*Legré !*)
2745 a. Juncus sylvaticus Reich. — G.G., 3, p. 347. — ♃. Juin-août. — B.-A.: Montagne de Lure (*Legré !*)
2776. Cladium mariscus R. Br. — B.-R. : Aux bords d'un pré, à gauche de la route de la Valentine aux Camoins près de Marseille (*Reynier et Raoux!*)
2792. Scirpus Savii Seb. et Maur. — Var : Toulon, aux Sablettes ; île de Porquerolles (*Legré !*)
2795. Eleocharis palustris R. Br. — B.-R : Martigues, à Port de Bouc (*Legré !*)
2797 a. E. ovata R. Br. — G.G., 3, p. 381. — ☉. Juin, juillet. Var : Marais de l'Estagnol, entre Léoubes et Bréganson (*Legré !*)
2799. Carex Davalliana Smith. — B.-A.: Prairies de l'Eyssanet, entre Colmars et le lac d'Allos (*Legré !*)
2817. C. Goodenowii Gay. — B.-A.: Col de Valgelaye sur la route d'Allos à Barcelonnette (*Legré !*) C'est par confusion que je l'avais indiqué à la Grande Vacquière.
2817 a. C. stricta Good. — G.G., 3, p. 402. — ♃. Avril, mai. —B.-R.: Marais de Santa-Fé, à Saint-Martin de Crau (*Roux*); marais de Mas-Thibert (*Legré !*)
2824. C. pallescens L.— B.-A.: Vallon du Lausannier, à Larche (*Legré !*)
2829. C. nigra All. — B.-A.: Montagne de Courrouit, à Larche (*Legré !*)

2831. C. præcox Jacq. — Var : Bois de la Sainte-Baume, de Pignans, de Gonfaron (*Legré !*)

2832 a. C. montana L. — G.G., 3, p. 215. — ♃. Avril, mai.— B.-A.: Montagne de Lure (*Legré !*)

2837. C. ornithopoda Willd.— B.-A.: Environs de Larche (*Legré !*)

2852. C. ampullacea Good. — Vallon du Lausannier, à Larche (*Legré !*)

2869. Crypsis schænoides Lmk. — B.-R.: Mas-Thibert, bords du marais de la Mendoule (*Legré !*)

2882. Alopecurus Gerardi Vill. — B.-A. : Aux alentours du lac d'Allos (*Legré !*)

2919. Calamagrostis tenella Host. — B.-A.: Larche (*Legré !*)

2974. Avena montana Vill.— B.-A.: Montagne de Lure (*Legré !*)

3018. Melica nutans L. — B.-A. : Aux alentours du lac d'Allos (*Legré !*)

3021. Sclerochloa dura P. de B. — B.-R.: Peyrolles (*Legré !*)

3045 a. Festuca violacea Godron. — G.G., 3, p. 573. — ♃. Juillet-août. — B.-A.: Aux alentours du lac d'Allos et montagne de Courrouit, à Larche (*Legré !*)

3052. F. spadicea L. — B.-A. : Montagne de Lure (*Legré !*)

3079. Elymus crinitus Schreb.— ☉ et non ♃. — B.-R.: Champs incultes de Château Belan près de Mas-Thibert en Crau d'Arles (*Legré !*)

3099. Agropyrum glaucum Rœm. et Sch. — B.-A. : Montagne de Lure (*Legré !*)

3123. Botrychium Lunaria Swartz. — B.-A. : Montagne de Lure (*Legré !*)

3132. Polypodium dryopteris L. — B.-A. : Montagne de Lure (*Coste et Legré !*)

3145. Asplenium Petrarchæ DC. — B.-R.: Roquevaire, montée du Pierrascas par Cappiens; rochers près du sémaphore de la Ciotat ; le Rove (*Reynier !*)

3158. Cheilanthes odora Sw. — Dans les B.-R., au Rove, vers la ferme dite l'Héritage ; et, dans le Var, à la Cadière ainsi qu'à Toulon, au Faron (*Reynier !*)

MANUSCRIT POSTHUME
mis au courant par une Commission de la Société d'Horticulture et de Botanique de Marseille.

www.ingramcontent.com/pod-product-compliance
Lightning Source LLC
Chambersburg PA
CBHW060509050426
42451CB00009B/897